發現臺灣 大地奧祕

【出版緣起】

深入探索，更覺美好

／謝元凱（「發現」節目製作人）

有機的生命如人類，必須歷經生老病死的常態，

無生命的物質世界，亦復如斯。

從地表的蠢動含靈，到地底的滾滾欲動，其生命旋律如出一轍。

　　若從全球的眼光來看，多數人所認識的臺灣，曾經錢淹腳目、外匯存底多年雄踞世界第一；如今躋身已開發國家之林，電子工業發達，成為科技之島。但是，如果站在地球的高度來看，臺灣渺如滄海一粟；若從人類歷史的縱深來看，臺灣雖有史前文明，卻鮮為人知。直到十六世紀西方大航海時代開啟，台灣的神祕面紗才隨之揭開。因此，我們所認識的台灣，也就僅止於最近這四百年。

　　連橫的鉅著《台灣通史》序中指出：「台灣固無史也；荷人啟之，鄭氏作之，清代營之，日人興之，民國開之。」由此可見，台灣的歷史文化多元、人文薈萃，有其獨特的發展過程。但是，這座孤懸海外的島嶼就只是如此嗎？以人為本的觀照與詮釋，固然是一般人所關切的；然而，如果只從地表的人類活動來發現台灣的一切，其實真是有如瞎子摸象、不見底蘊。

　　近現代的臺灣，經過幾次大地震的洗禮，終於逐漸瞭解：原來，影響我們生活的還有地底深不可測的變動。這些變動，其實就是造就地球環境的巨大力量；如果沒有這巨大的力量，臺灣島不會出世。

　　那麼，臺灣的真正身世又是如何？究竟已有多少年的生命？這些疑問，不得不透過現代科學來探究；當然，也需要藉由傳媒工具，讓大眾有更多的認識。因此，在因緣和合之下，肩負推動國家科學發展與教育的國科會，撥出大筆經費補助有意從事科學教育的傳播媒體；大愛電視得此機緣，便選擇與台灣百姓生活環境息息相關的題材，以科學研究和發掘知識的方式，深入探索臺灣的前世今生。

　　可能許多人不知道，地球已歷經四十六億年左右的生命；而且，影響地球生命最重要的因素之一——板塊運動，便是改變和形成今日地球表面形態的主要地質活動。從海底到高山，無一不受到板塊運動的影響；伴隨而來的自然現象——地震，就是我們最切身感受的地質災害之一。

　　經過板塊運動的推擠作用，由海底沉積物所孕育的臺灣島逐漸慢慢隆起；五百至六百萬年前，一次驚天動地的撞擊——「蓬

萊造山運動」，終於使得臺灣這座聳立著高山的島嶼拱出海平面，屹立於西太平洋之上。是的，台灣從海底「長出來」，這就是台灣的前世；而且，又經過如同人類發育成長的過程，從幼年逐漸邁入青壯年。

形塑大地的力量接連上場，仍以現在進行式持續不斷，具體結果也顯而易見；遍布台灣縱貫南北的山脈，就是板塊碰撞擠壓的最佳證據。從最古老高大的中央山脈，到年輕的阿里山山脈，處處可見大地變動的痕跡；由阿里山山脈的今生來看，便印證了造山運動過程中所必然帶來的各種大自然現象與力量，也就是斷層、地震、崩塌等。除了九二一大地震造成部分阿里山森林鐵路坍方中斷，至今未能修復；二〇〇八年的八八風災又重創當地，讓人記憶猶新。

如今與台灣島合併為一體的海岸山脈，是經過一千多萬年、遠從幾千公里之外長途跋涉而來，乃是由海底噴發出的一座座火山島連結而成，也是板塊運動的結果。板塊運動的碰撞，又造成台灣北部大屯山與觀音山的爆發，形成火山劫餘的地形景觀；當然，也因此蘊藏了地熱的天然資源。

瞭解台灣的真實身世以後，或許會問：這塊地震頻仍的土

地適不適合安居樂業？其實，地震的發生到底是幸或不幸實難斷言；畢竟，若沒有像地震這些地底的變動，台灣大地很可能至今仍是一片荒涼，不會出現如今的樣貌，也就不能讓台灣人民享有地底的資源，例如玉石、金礦、溫泉等，甚至也無法演化出這麼多樣化的生態環境。如果有機會去東部一趟，可以在那裡看到台灣最古老的岩層。除了讚歎大地鬼斧神工、留連山海美景之餘，不妨摸摸腳下的石頭，觀察看看是哪一種岩石，正訴說著什麼樣地質變化的故事；也請別忘了放眼瞭望環繞臺灣島四周的遼闊汪洋，還有更多仍待探索的深海祕境，提供我們豐富的生活資源和生態環境。

　感恩「發現‧臺灣大地奧祕」系列影片的製作夥伴兩年來的努力，也感謝出版部的同仁精心策畫與編輯的這本書，頗能掌握各主題的重點菁華。透過書面的閱讀，應該更能夠讓科學知識容易消化吸收；再與影片對照之後，就會發現其中的知識樂趣，以及擴大觀看自然環境的視野，從此可以驕傲的說道：臺灣真的是一座美麗之島！

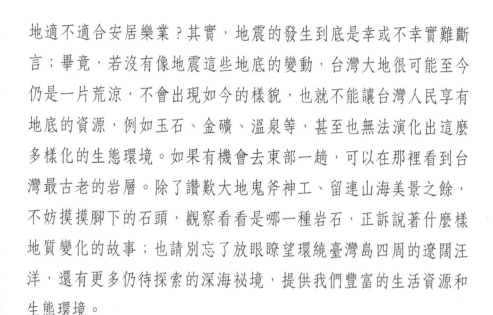

【作者簡介】

吳立萍

曾任職人文及自然科學雜誌、出版社多年。現為自由文字工作者、台北市立兒童育樂中文專刊主編，另有作品散見於《自由時報》、《國語日報》、《小牛頓》雜誌等。著有《世界地理》、《台灣地理》、《動物園明星步道》、《三峽——李梅樹藝術步道》、《野柳——金山步道》、《台灣的老鄉鎮》，及繪本《青蛙的婚禮》、《蜻蜓變身記》等十數種出版品；曾為大愛電視台「經典」節目撰寫腳本，為慈濟人文志業中心撰寫兒童故事《妙點子翻跟斗》入圍第三十屆金鼎獎兒童及少年圖書類最佳著作人獎。

第一集

山起山落蓬萊島

臺灣島的身世正是寫在山起山落
間：從今生看到前世的縮影，從
今生預見來世的改變；彷彿它的
前世、今生與來世，同時交會於
這座福爾摩莎……

高山來自大海

1.「高山來自大海」是真的？

■詹姆士・赫頓

十八世紀，有一位被譽為「地質學之父」的蘇格蘭地質學家詹姆士・赫頓（James Hutton）認為，現在的地表是被各種力量不斷地塑造，才有今日的面貌；他並推測地球形成的歷史至少有數百萬年。

經過後世科學家的不斷研究，現在

全球板塊圖

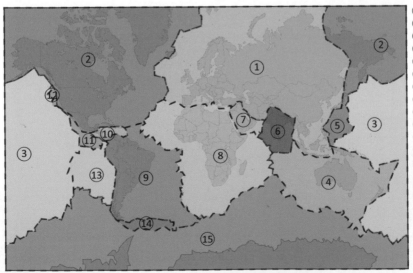

① 歐亞板塊
② 北美洲板塊
③ 太平洋板塊
④ 澳洲板塊
⑤ 菲律賓板塊
⑥ 印度板塊
⑦ 阿拉伯板塊
⑧ 非洲板塊
⑨ 南美洲板塊
⑩ 加勒比板塊
⑪ 科科斯板塊
⑫ 胡安德富卡板塊
⑬ 納斯卡板塊
⑭ 斯科第爾板塊
⑮ 南極洲板塊

我們已經知道，地球的形成歷史至少有四十六億年呢！但是，在兩百多年前的當時，大部分人都相信《聖經》上的說法，認為地表經過一次巨變就形成，誕生至今為六千年。

■地層抬升

赫頓的重大發現，來自於平日的仔細觀察。他經常在山上看見被風雨侵蝕的土壤或岩屑，隨著流水流入大海；也在海邊看見岩壁上的土石呈現一層層堆疊的狀態，有時甚至上層是橫的，下層為垂直排列。經過不斷苦思，他大膽推論：那些流入大海的土壤或岩屑，都變成海底沉積物，可能轉化為岩石，然後被抬升成陸地，打造新的山脈；也就是說，「高山來自大海」──海底的沉積作用正在孕育未來的高山。

到了二十世紀初，德國氣象學家韋格納（Alfred Lothar Wegener）有一次在

■德國氣象家韋格納

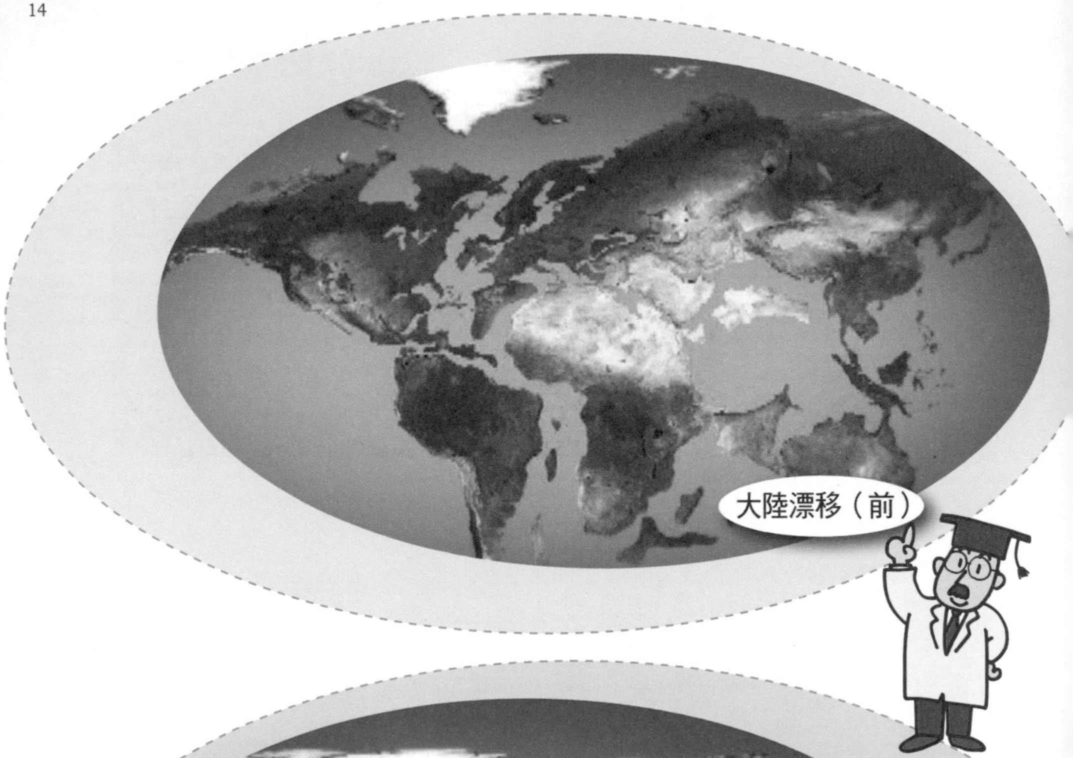

大陸漂移（前）

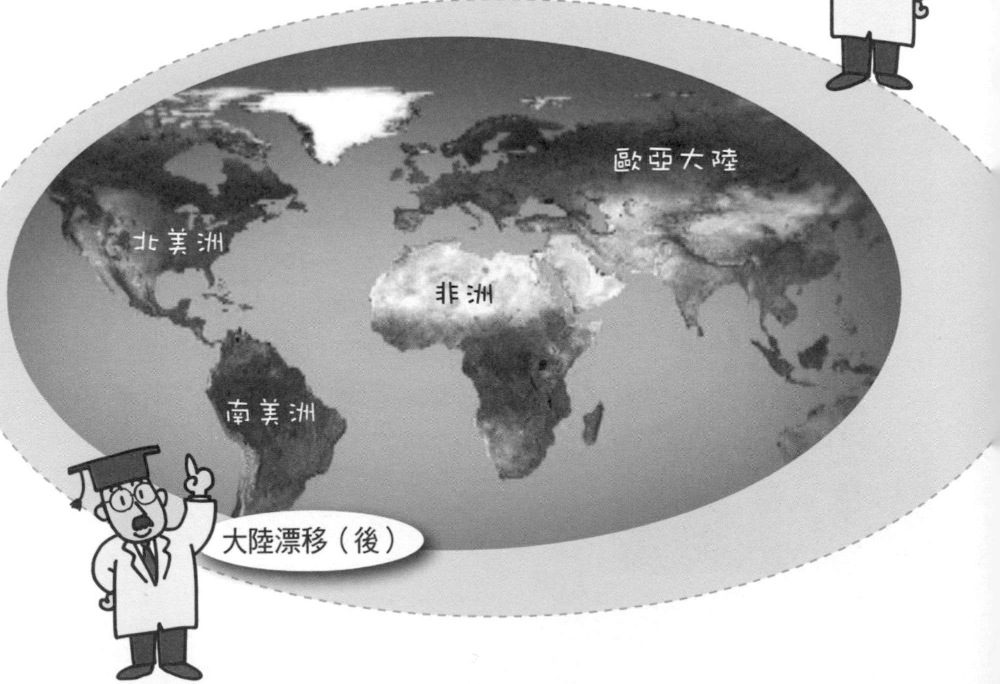

歐亞大陸

北美洲

非洲

南美洲

大陸漂移（後）

觀看世界地圖時，看著、看著，突然看出一個有趣的現象：大西洋兩岸的南美洲東岸和非洲西岸，它們的海岸線好像很久以前曾經連在一起，竟然可以像拼圖那樣拼湊在一起。

■英國地質學家荷姆斯

為了解開心裡的疑惑，他就到這兩個地方實地調查地質和古生物，在一九一二年大膽提出「大陸漂移說」──地球上的大陸並不是永久固定在一個位置，它們會漂移！

不過，究竟是什麼力量可以推動那麼大的地塊，韋格納並不清楚，所以這個推論在當年並沒有受到重視。到了一九二九年，英國地質學家荷姆斯（Arthur Holmes）利用更精密的科學儀器，證實韋格納所說，「地球上的大陸會漂移」是可能的；而且也找到了能使大陸漂移的這股巨大力量，其實是來自地函內的熱對流。

地函怎會有熱對流呢？

他進一步推測，地球內部有大量的放射元素；這些放射元素會產生熱量，讓地球內部一直保有熱源──這個熱源就會使地函上部的軟流圈形成熱上升、冷下降的對流作用。

當熱對流在上升狀態時，地函上方的地殼就會上升、甚至撕裂，撕裂的地殼就是現代人所說的「板塊」；此外，地函熱對流

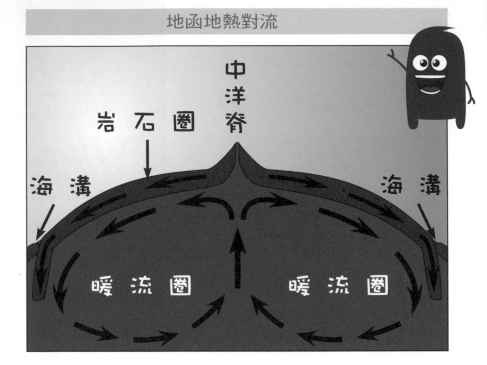

地函地熱對流

中洋脊

岩石圈

海溝

海溝

暖流圈

暖流圈

地球的構造

　　從地球的剖面來看，最中央是地核，成分為鐵和鎳；上面一層是流動的地函，由熔化的岩石組成。最上層是堅硬的地殼；但是，地殼不是完整的一大片，而是分裂成好幾大塊，分別屬於大陸板塊、以及海中的海洋板塊。

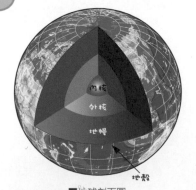

內核

外核

地幔

地殼

■地球剖面圖

的橫向運動，也會像輸送帶那樣把地殼往兩側推移。

荷姆斯的學說，也印證了十八世紀詹姆士・赫頓「高山來自大海」的推論；因為，當板塊受地函熱對流作用移動時，如果邊緣的地方互相發生碰撞，就有可能隆起成高山，甚至將海底的板塊擠出海面。

臺灣，就是板塊從海裡擠出來的一座高山島。

2. 臺灣島的前世也能卜算？

現今的臺灣島來自一千多公尺的深海！想要探尋臺灣島的前世今生，就要穿梭時光隧道，回到從前呵！

大約七千萬年前，臺灣島所在的位置是一片汪洋大海；位在海底下的古太平洋海板塊不斷往歐亞板塊下面擠，擠出了一小塊

浮出海面的小丘陵，這就是臺灣島的前世，稱為「古臺灣島」。

　　板塊擠壓、碰撞出來的「古臺灣島」，等到古太平洋海板塊不再擠壓歐亞板塊，而是反方向拉張時，「古臺灣島」再度沉入海底，重新接受海裡各種沉積物的堆疊和造形。

　　「古臺灣島」在海底默默的壯大自己；經過了好久好久，直到大約六百萬年前，菲律賓海板塊撞上了歐亞板塊。這一撞不得了，將已沉睡海底的「古臺灣島」，硬是從一千多公尺的海底「拱」了上來，形成現今的臺灣島。有人稱這一次的板塊互撞為「弧陸碰撞」，也有人叫做「蓬萊造山運動」。

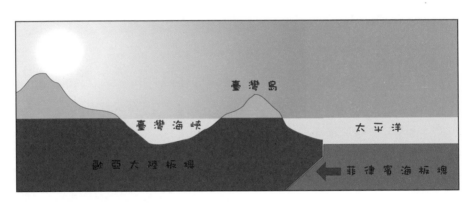

　　剛竄出海面的臺灣島最初只是略具雛形，但已出現了南北縱貫的中央山脈，大約兩千多公尺高。這條臺灣島的脊椎骨，原本是海底沉積物形成的沉積岩；被擠出海

面後，地層的形態就像是一塊千層派的兩側受到往中間推擠的壓力，呈現出一層層堆疊並扭曲隆起的狀態。

之後，菲律賓海板塊不斷持續撞擊歐亞板塊，使中央山脈不

■岩石堆疊

斷長高，高度超過三千多公尺。由於造山運動的作用，再加上各種大自然的風力、海浪和雨水侵蝕，就像藝術家手上的雕刻刀，將臺灣島的地形、地貌與地景，都刻畫得更千奇百趣，終於形塑出今天的樣貌。

海底的沉積物

海底沉積物包括各種海洋生物的遺骸碎屑、海底火山灰，或者陸地河流挾帶入海的泥砂。它們長時間在海中懸浮，最後沉到海底形成軟泥或黏土；日積月累之後，膠結成為一層層堆疊的沉積岩。

■海底火山噴發

3. 臺灣島山脈有老中青？

　　臺灣島不是一下子就從海中冒出；它的形成極為緩慢，隨著板塊的持續碰撞，至今仍不斷變化中。如果將臺灣的山脈比擬成人類的成長過程，甚至還有老、中、青三代的差異呢！

　　臺灣中部的山脈正值盛年期；雖然已經大致成形，但仍在成長中；其範圍大約從蘭陽溪與大安溪附近，延伸到樂樂溪（拉庫拉庫溪）與荖濃溪附近。

　　在盛年期山脈的北邊，以雪山山脈的北段為代表；這裡從三八八六公尺高的雪山，往東北的方向一路崩塌下降，到了三貂

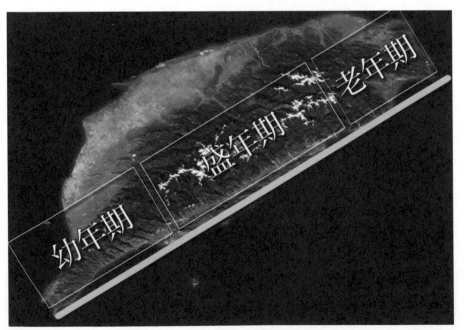

■臺灣的老、盛、幼山脈範圍圖

角之後就入海了。這段山脈不會再生成，屬於老年期。專家利用高科技儀器，在三貂角的外海看到海底下有一道垮下去的山脈；經過科技還原之後，發現它曾經是兩千多公尺的高山。

在盛年期山脈的南邊，山勢逐漸降低，但和北邊的老年期山脈

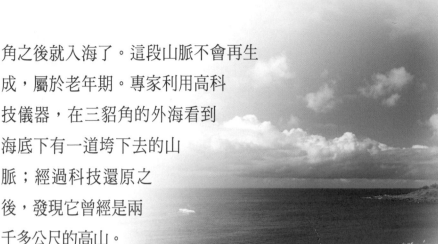
■墾丁海水浴場

不同，這裡屬於還在成長、升高的幼年期；中央山脈南段的大武山、以及大武山以南的臺灣尾——恆春半島，是這片幼年期山脈的代表。

這裡的山脈從北到南逐漸降低，到了恆春半島已是丘陵。觀察墾丁的海岸，可以看到一連串珊瑚礁階地慢慢從海底爬上來。專家推測，離海最近的礁岩大約三、五千年前出海；離海稍遠的崖面上，也許就有一萬多年到兩萬年歷史、甚至有些地方達到五萬年；而在一百二十公尺高的地方，則有可能在十萬年前出海成陸。

4. 山脈怎能長高或變矮？

山就像人一樣，高度有極限。地球上山高的極限大概是喜馬拉雅山的高度，約八八○○公尺；臺灣山高的極限則是玉山的高度，約三九○○多公尺。

山有多高，與山底地殼強度和增厚速度大有關係；就好比一個倒扣的布丁，若是下方太軟，上方就不可能做太高，否則根本無法支撐。臺灣之所以不可能出現像喜馬拉雅山那麼高的山，就是因為下方

■玉山山根示意圖

4000m

22000m

地殼的強度不夠強。

　　山不會無限制地長高；那麼，會因為自然的風雨侵蝕或地震變矮嗎？一九九九年發生九二一大地震，玉山主峰下的碎石坡被震得柔腸寸斷，坊間謠傳玉山被震矮了。專家趕緊用衛星測量，發現玉山雖向西北西移動了零點四四公分，但高度仍然是三九七八公尺。

　　玉山沒有受到侵蝕或地震而變矮的原因，祕密就在山底下的「山根」。科學家認為，地殼應該無法承受高山峻嶺的重量，所以在地表之下必然另有支撐，也就是山根。山的高度與山根的深度大約是一比五點六；以高度接近四千公尺的玉山來說，它的山根大約兩萬兩千公尺深。山根往往深入到地函；由於地函是流動的，所以山根是浮根，不是固定不動的。

　　當地形、地貌生成的時候，地殼會不斷增厚；同時，地函也會緩緩從地殼下方流走。這個道理就像丟冰塊到一杯水裡一樣，冰塊沉到水面下的部分，會將水排開；這是因為水有流動性，能

■玉山山峰 攝影／Kailing

夠從冰塊下方流走，把冰塊兩邊的水位擠高，直到取得平衡狀態
為止。因此，當山頭受到自然的風雨力量侵蝕時，山根會相應地
往上浮，所以侵蝕不太容易把山變矮。有科學家測量過中央山脈
的中段，發現侵蝕的速率與抬升的速率幾乎相同；依此推測，在
一萬年之內，玉山也不會因為侵蝕而變矮。

造山運動的證據

1. 地震是臺灣島的母親？

臺灣是板塊推擠出來的高山島，而且推擠的力
量持續不斷；當板塊擠壓造成岩塊變形，同時也會
產生地震。臺灣附近的地震深度，大約可以從地表延
伸到二百五十到三百公里的深處。地震是臺灣隨時都
可能發生的自然現象，只不過
有時候我們感覺不到；如果將有
感及無感地震全部包含在內，
臺灣一年大約可以測到一萬次
大大小小的地震。

頻繁的地震現象，就是反
映大地變形活動的證據。地震是雕

■臺灣地震震源分布情形

刻大自然最有威力的一把利器，它會劇烈改變地形地貌。九二一大地震時，原本位在雲林草嶺的一座山，竟然「飛」到了嘉義梅山；現在它被稱為「飛山」，也就是一座天外飛來的山。除此之外，九二一大地震還造成苗栗到竹山的地表撕裂了大約一百公里；石岡隆起四層樓那麼高；大甲溪河床產生九公尺的落差，形成瀑布景觀……

　　臺灣島不但因地震而生，也因地震而長大、長高，被形塑出各種地貌。地震，可以說是「臺灣之母」啊！

2. 臺灣大地的裂縫在哪兒？

　　臺灣多高山，平原地形的面積不到五分之一，而且大都位於西部；東部的平原十分狹小，比較大的只有蘭陽平原和花東縱谷。從地圖上看，花東縱谷從花蓮到台東南北縱貫，又長又窄，就像一道大地的裂縫！

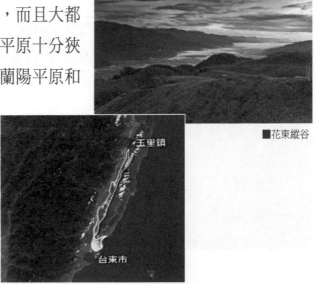

■花東縱谷

玉里鎮

台東市

花東縱谷的確是大地的裂縫，它是歐亞板塊和菲律賓海板塊的交界；在縱谷的東側，是屬於菲律賓海板塊的海岸山脈；西側是拔地而起的中央山脈，屬於歐亞板塊。直到今天，菲律賓海板塊仍以每年八公分的速度向歐亞板塊擠壓；也就是說，海岸山脈還在持續抬升，並且向中央山脈靠攏。

3. 板塊抬升有證據？

花東縱谷上可以看到許多河階與海階地形，這就是造山運動、板塊不斷抬升的證據。

秀姑巒溪由南而北流經花東縱谷，到了花蓮瑞穗突然向東大

轉彎，橫向切斷海岸山脈，從大港口出海匯入太平洋。在秀姑巒溪大轉彎的南側，有一系列像階梯似的地形，稱為「德武河階」，就是因為地殼變動造成秀姑巒溪河道轉彎時所遺留下來的河床遺跡。

■太魯閣國家公園

但是，為什麼會呈階梯狀呢？由於板塊碰撞使地表不斷向上抬升，加速了河流向下侵蝕河床的力量；加上在河道彎曲的地方，外側的水流較強、侵蝕力量大，會使河道愈來愈彎曲；內側水

■德武河階

流較緩，則會不斷地堆積泥砂，便形成一層層如階梯狀的河階地形。德武河階就是這樣形成的，而且多達七階，世界上極為少見。

■河階圖

河階形成圖

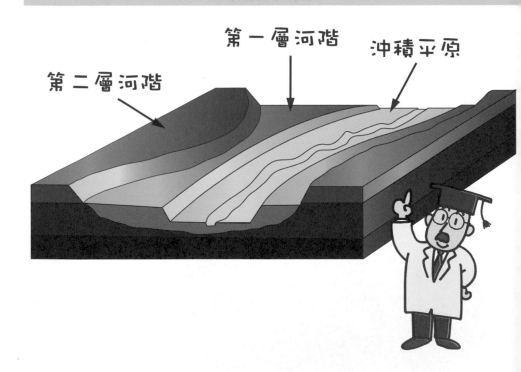

第二層河階

第一層河階

沖積平原

4. 海岸山脈有奇特地層？

一般來說，地層就像千層糕一樣，是按照年代一層層堆疊起來，每一層的岩石性質不同；雖然有時候會有一些差異，但大致上是有次序的。

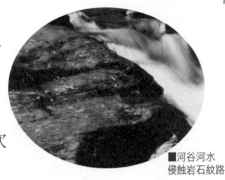
■河谷河水
侵蝕岩石紋路

可是，一九五六年，地質學家徐鐵良卻在海岸山脈發現一個奇特的地層；它以泥質填充物為主，夾雜多種岩石，小自一粒豆子般大小、大至直徑一平方公里的都有。

這種攪和成一團的地層，分布在海岸山脈西麓的南端，向北延展約七十公里，徐鐵良將它命名為「利吉層」。由於當時西方學界所提出的板塊學說還未傳到國內，所以利吉層的出現引起很多人好奇。究竟是什麼巨大的力量，可以將不同性質的岩石攪和在同一個地層裡？

直到一九七〇年代板塊學說傳到臺灣，這個奇特現象才獲得解答。這樣的地層，正是歐亞板塊和菲律賓海板塊碰撞後，使部分大陸板塊的岩石傾瀉堆積在海板塊之上，然後連同海板塊的泥層一起被推擠出海面的證據。

由於利吉層主要為海底泥層，容易受雨水侵蝕，形成一道道蝕溝，使植物難以生長，形成寸草不生、童山濯濯的景觀，猶如

■利吉層

月球表面；因此，這類地形被稱為「月世界」。月世界是一種「惡地」地形；在臺灣，這類地形還有苗栗的火炎山、高雄燕巢的泥火山及台南菜寮溪上游的月世界等。雖然形成的原因不完全相同，但也都是荒漠的惡地地形。

「垮山作用」讓山變矮

1. 台北盆地原本是丘陵？

台北市的所在地是一個盆地地形，稱為「台北盆地」，四面環山，中間是一個底部平坦的平原。但是，如果把時間回溯到大約四百萬年前，台北不是盆地、而是丘陵，就像台北縣新店和烏來一帶的丘陵地一樣，呈現起伏平緩的地勢，這是受到歐亞板塊

和菲律賓海板塊碰撞所形成的。大約兩百八十萬年前，板塊碰撞又造成大屯火山及觀音山爆發，大量火山熔岩在此堆積，使地勢向上增高。

不過，直到大約六萬年前，板塊運動的方向開始反轉，不再造山，而是受到地殼拉張的作用，整個地勢就垮下去了；這種現象稱為「垮山作用」。而原本較低的林口平原卻被抬高了兩百公尺，成為台地。

台北變成盆地之後，曾經歷過數次海水入侵；成為湖泊的歷史，最近的一次是在清康熙三十三年（西元一六九四年），因此被稱為「康熙台北湖」。後來湖水消退，盆地逐漸乾涸，而成為今天的面貌。

■台北盆地

從礫石看歷史

　　河流從山地流向平地時，會在山與平地的交界處堆積從山區挾帶的土石。由於大礫石較重，會堆積在靠山的地方，愈小的礫石則堆得愈遠，因此形成扇狀的沖積地形，稱為「沖積扇」。

　　林口台地堆積了沖積扇的礫石，表示這裡曾經是平原，礫石則是由古台北丘陵流下來的河流所堆積的。

■沖積扇地形

　　台北盆地曾經是丘陵的歷史，由於大部分證據被深埋在河川的沉積物底下，現在已經看不到了，卻也不是完全無跡可循；專家在林口台地發現沖積扇的礫石，證明了台北盆地的山起又山落。

■林口台地的山脈堆積物

2. 臺灣島最後會長高，還是變矮？

　　既然造山運動及垮山作用同時影響著臺灣島的形貌；那麼，臺灣未來究竟會長高，還是變矮呢？

　　雖然專家研判，至少在一萬年以內，玉山的高度不會有太大的改變；不過，若以更長遠的時間來看，臺灣東北部的垮山作用，將來必然會擴及整個島嶼。如果我們以每百萬年往西南推移五十公里的速率來計算，中央山脈北段的南湖大山，在一百萬年內會垮到海邊，雪山則在兩百萬年內也會垮到海邊，臺灣島的形貌當然也會跟著改變。但是，板塊運動總是一面垮山、一面造山，山落之後還會山起。

　　臺灣島的地質身世就是這麼離奇！

■玉山被侵蝕及垮山作用

第二集
臺灣岩石的秘密

大地奧秘，千變萬化，卻埋藏深鎖在岩石之中。面對這一部無字的臺灣地質史書，唯有透過不斷探究，才能一窺其中的無盡寶藏。

岩石三部曲

1. 岩石也愛變、變、變？

地球最外層是一層堅硬的地殼，地殼的主要組成物質就是岩石。岩石是礦物的集合體，可以由一種礦物或多種礦物組成，種類繁多，就和生物一樣，各有不同的樣貌和性質；但是，基本上可以依照形成方式的不同，區分為火成岩、變質岩、沉積岩三大類。

火成岩

變質岩

沉積岩

有趣的是，看似堅硬的岩石並不是亙古不變的；這三類岩石會受到各種環境的影響，從火成岩變成變質岩，再從變質岩轉為沉積岩，沉積岩也可以再變為火成岩，形成一個循環。影響岩石改變的力量，有來自地球內部的「內營力」，例如岩漿及地下深處的溫度、壓力或化學環境變化；以及地球外部

的風雨侵蝕、水的搬運和沉積作用等,稱為「外營力」。

　　地球大約在四十六億年前誕生;在這段漫長的時間裡,受到內營力和外營力的影響,組成地殼的物質不斷在變,岩石也像是有了生命一般,循環不已。

2. 最初的岩石怎麼形成?

　　任何一類岩石都可以轉變成另一類。不過,最初的岩石是怎麼形成的?

　　地球內部的溫度和壓力都很高,使所有組成物質——包括礦物質——都呈現熔融的狀態,也就是岩漿。灼熱的岩漿從地殼裂

■噴入海中的岩漿(來源:美國地質調查局)

隙冒出地表，冷卻後
凝固形成火成岩，例
如陽明山大屯火山群
的安山岩，以及澎湖

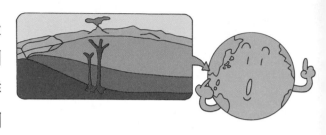

的玄武岩；還有侵入地殼內部、但沒有冒出地表的岩漿，冷卻凝
固後也會形成火成岩，例如金門、馬祖的花崗岩。

　　火成岩是構成地球岩石圈最主要的岩石，也是所有岩石中最
原始的岩石；至於其它的變質岩和沉積岩，也都會因受到地殼內
部的高溫熔融，再從岩漿變為火成岩。所以說，岩石來自地球內
部的岩漿！

3. 讓岩石變質的魔力是什麼？

　　由於地殼運動的影響，造成溫度及壓力增高，使岩石改變了
結構組織，礦物成分也產生變質，成為新的岩石；這類岩石稱為
變質岩。

■大理岩

■石灰岩

變質岩經常出現在板塊碰撞的造山帶，因為碰撞的力量容易使岩石產生變化；以臺灣來說，包括中央山脈、雪山山脈、玉山山脈和部分阿里山山脈，都是變質岩的主要分布區。例如，著名的大理岩便是從石灰岩變質而來，蘊藏在中央山脈東側太魯閣一帶；板岩從頁岩變質，主要分布在中央山脈及雪山山脈三千公尺以上山嶺地區；石英岩則變自砂岩，主要分布在中央山脈西側。

4. 地球的史書藏在哪？

不論是火成岩還是變質岩，受到風化、雨水侵蝕等外營力的作用，會磨蝕成礫石或顆粒較小的砂粒和泥粒，加上生物的碎屑，再經過河水、風、海流的搬運，到新環境時如果流速變慢，就會層

層堆疊於河床、湖底或海底，最後被掩埋至地底深處，膠結成為沉積岩。

■沉積岩紋理

沉積岩主要分布在地殼的表層，陸地上大約百分之七十五的岩石都是沉積岩，包括礫岩、沙岩、頁岩、石灰岩等，是分布最多的岩石種類；但是，在地殼中，沉積岩只占了百分之五。在臺灣，包括北部及東北部濱海地區、西部和南部的麓山帶和平原區、以及東部的海岸山脈，都分布了各種沉積岩。

沉積岩就像地球的史書，年代愈久遠的沉積在最下面，愈往上年代愈新；科學家可以從不同沉積岩所在的深度，判斷出大致的年代及當地發生了哪些地質上的變化。岩石在沉積的時候，若同時掩埋了生物的遺骸，時間久了，這些遺骸就有可能成為化石，為過去的地球環境提供更多研究的線索。

岩石記錄臺灣島生成的故事

1. 臺灣島最古老的岩層在哪裡？

在大約兩億多年到七千萬年前之間，仍沉寂於海底的臺灣，

是一個沉積盆地，層層堆疊了相當厚的砂岩、頁岩、粉砂岩、石灰岩，以及火山作用的產物。大約七千萬年前，發生了古太平洋海板塊擠到歐亞板塊之下的「南澳運動」，將這個沉積盆地擠出海面，形成小小的古臺灣島。

■大南澳片岩

　　南澳運動之後大約六千萬年，古太平洋海板塊不再往歐亞板塊下面擠，而是往反方向拉，因此造成古臺灣島逐漸沉降到海面下。大約六百萬年前，菲律賓海板塊撞擊歐亞板塊，使沉降於海面下的古臺灣島岩層產生變質，最後又被推擠出海，成為今天中央山脈東翼的「大南澳變質雜岩」，也稱為「大南澳片岩」；它從蘇澳南方大約八公里的太平洋岸，往南到太麻里溪的北岸，呈弧形帶狀分布，長約兩百四十公里，最寬的地方不超過三十公里。

　　大南澳片岩是古臺灣島的基盤，也是臺灣島最古老的岩層；東部著名的大理岩，就是產自大南澳片岩。

2. 西部麓山帶大多是碎岩屑？

　　如果可以觀看臺灣島中部的剖面，將會發現中央的山地朝東傾斜，呈現東陡西緩的地勢。光從這一點地形上的特徵，就可以想像，大約六百萬年前，菲律賓海板塊從東部撞擊歐亞板塊的力道有多麼強勁了。

　　中央山脈西側的山地，稱為「西部麓山帶」，範圍從中央山脈西側，一直向西到平原的交界為止，高度通常在數百到兩千公尺之間；最高的是兩千七百多公尺的阿里山山脈，但仍然比中央山脈矮了一千多公尺。西部麓山帶也比較年輕，是在中央山脈隆起之後才出海成陸的。

■西部麓山帶

　　除此之外，西部麓山帶的岩石特性也不一樣；除了部分地區有小規模的火成岩，其它都是以碎岩屑為主的沉積岩，包括礫岩、砂岩、頁岩與石灰岩。原來，這裡在還未被擠出海以前，是大約三千到一百

萬年前堆積在大陸棚上的沉積岩。和主要由古老板塊所形成的中央山脈岩層相比，西部麓山帶的岩層顯得年輕多了，而且不像東部受到的板塊運動那麼劇烈，所以岩石變質的程度也比較弱。

　　透過專家的研究之後還發現，西部麓山帶的岩層與西部平原，以及臺灣海峽海底沉積物的下方都是相連的。西部麓山帶未來還會持續升高，成為中央山脈的一部分，也會產生變質岩。

大陸棚的沉積岩

　　大陸邊緣向海底延伸的部分、深度大約兩百公尺的地形稱為「大陸棚」；從陸地河流所挾帶的泥砂，會被沖積堆疊在這個區域，然後逐漸形成沉積岩。在臺灣島還沒有誕生時，只是一片緊靠著亞洲古陸的大陸棚，接受古陸河川帶來的大量沉積物；臺灣西部麓山帶的岩層，就是來自這個大陸棚的沉積物。

　　此外，當中央山脈快速隆起時，從山脈西側崩落的沉積岩碎屑，也是構成西部麓山帶岩層的部分來源。

■海底盆地

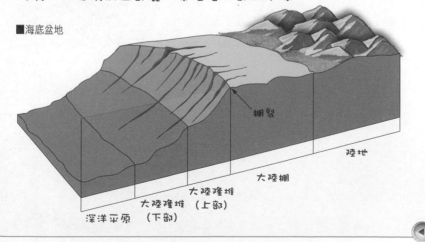

棚裂

陸地

大陸棚

大陸隆堆（上部）

大陸隆堆（下部）

深洋平原

3.臺澎金馬的岩石有什麼不同呢？

臺灣的火成岩分部在北部、東部及離島地區，都是因為板塊的碰撞或拉扯，使地球內部的岩漿湧出地表所形成。不過，這一碰一拉，所形成的火成岩也有所不同。臺灣的火成岩，可以分為安山岩、玄武岩和花崗岩；比起其它岩石，這些岩石既堅硬又美觀，因此常被用來做為建材或雕刻的石材。

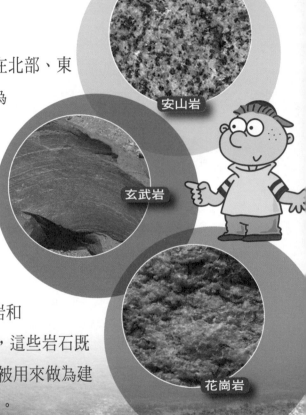

安山岩

玄武岩

花崗岩

■澎湖七美雙心石滬（圖片提供：Piedai）

■澎湖柱狀玄武岩

　　北部的火成岩是由大屯火山群爆發形成的，屬於板塊碰撞所誕生的安山岩；東部的海岸山脈，以及綠島、蘭嶼、小蘭嶼也有安山岩，並夾雜著海洋板塊的岩體，岩石性質的變化比較豐富。

　　澎湖群島的岩石令人印象深刻，它們就像是由一枝枝整齊並排豎立的鉛筆所構成，例如桶盤嶼、鳥嶼等小島的地形特別明顯。這些都是玄武岩，也是一種火成岩，由板塊張裂——也就是拉扯的作用——造成岩漿急流出地表，並且快速冷卻所形成。

　　金門及馬祖列島則以花崗岩為主，這是沒有冒出地表的岩漿冷凝之後形成的一種火成岩；後來經過地殼抬升，使上方的沉積物剝落，才像剝開的橘子般露出地表。

4. 東部的美麗礦石打哪兒來？

　　許多採石家都喜歡到東部尋寶；的確，臺灣東部蘊藏了許多美麗的礦石。之所以這麼得天獨厚，乃是因為東部是歐亞板塊和菲律賓海板塊碰撞活動的最前線，所形成的變質岩比較豐富，例如台東都蘭山的「藍寶」、花蓮的玫瑰石等，都是這裡的特有產物。

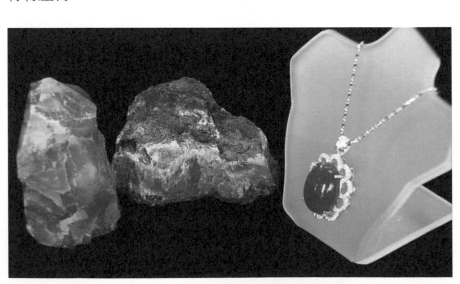

■藍玉髓及製成的飾品

　　都蘭山是海岸山脈南段的最高峰，一直以來都是原住民心中的聖山；但是，更多人對於這座山的印象，卻是來自此地所盛產的藍寶。「藍寶」不是藍寶石，而是一種藍色的玉髓。

　　玉髓是由眾多非常微小的石英顆粒所構成。石英是二氧化矽形成的礦物，單純的玉髓是半透明或不透明的白色；如果在二氧化矽的結晶過程中，有其它物質介入，就會形成不同種類的石英。

　　都蘭山的岩漿在冷卻的晚期，由於地下熱水溶解了包括石英等矽酸鹽類的礦物質及銅離子，並沿著板塊運動在岩層中所造成的裂隙上升，與沿途的岩石礦物發生交換作用，礦物冷卻結晶並填滿裂隙，就形成了藍玉髓礦脈。

　　早在一九六〇年代，都蘭山的藍玉髓礦就已經有人開採，最早開採的礦場位在人跡罕至的七里溪源頭深山裡。但是，隨著開採難度的增加及禁採等因素，

■琢磨過的玫瑰石

■未琢磨過的玫瑰石

目前已經停擺了。

　　花蓮的玫瑰石是一種粉紅色的薔薇輝石，它的剖面有美麗的紋路，是許多玩石家的最愛。

　　玫瑰石蘊藏在臺灣最古老的岩層——大南澳片岩中，它的形成可以追溯到中央山脈還沒有隆起的時候。這裡屬於深海環境，地殼裡含有錳元素；經過板塊擠壓變質作用，成為含錳的薔薇輝石，並出現因為擠壓而產生波浪狀紋路；錳礦成分與空氣接觸氧化後，在外表上形成黑色或紅褐色的氧化層，而不只是一整塊單調的粉紅色石頭。

以「臺灣」為名的岩石

1. 臺灣岩是板塊學說的證據？

　　有一種岩石稱為「臺灣岩」，它散布於海岸山脈各地，較大岩塊則在山脈的南端及西南部。臺灣岩是含有玻璃質的玄武岩，在一九五〇年代，由中央研究院院士

■阮維周院士

阮維周首次發現；當時令他驚訝
的是，這種岩石的玻璃質含
量竟然高達百分之九十五
以上。根據岩石的國際命名
規則，應以所含的主要礦物
為名；如果玻璃質含量超過百分

■玻璃質含量較多的臺灣岩

之六十，則是以第一次發現的地方命名。
所以，他就替這種新發現的岩石命名為「臺灣
岩」。

　　臺灣岩的發現，同時也是板塊運動的證
據。因為，它的生成原因，就是因海底
火山山脈「中洋脊」受到板塊運動
的影響，使岩漿從地殼深部
上升到地表；由於冷卻
到變成岩石的時間非常
短暫，岩漿中的石英、
長石礦物來不及結晶成大的顆粒，只能生
成細小的結晶顆粒，例如玻璃質等礦
物，因此形成玻璃質含量較高
的臺灣岩。

■臺灣東部海岸

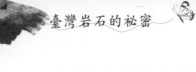

在臺灣岩的附近，還有輝綠岩、輝長岩、蛇紋岩、橄欖岩等各種岩石的組合，稱為「蛇綠岩套」，這是海洋地殼的組成成分；因此可以證明，這裡過去曾經有一個古老的海洋，因為後來受到板塊擠壓作用，海岸山脈向西靠近中央山脈，終於使這兩個山脈之間的海洋地殼隆起，成為今天的花東縱谷。

2. 臺灣玉堪稱是韌性最強的礦物？

臺灣也產玉，而且堪稱是世界上韌性最強的礦物！

在礦物學上，只有輝玉和閃玉這兩類礦物被稱為玉。輝玉是指輝石類，許多人熟知的緬甸玉就是一種輝玉；閃玉是角閃石類，以臺灣玉最具代表。臺灣玉十分堅硬；許多販賣臺灣玉的寶石業

琢磨過的臺灣玉

輝玉

閃玉

者，會教顧客將臺灣玉摔到地上，不會破的就是真品。

臺灣玉在形成的過程中，需要鎂元素、鈣元素及矽酸鹽。在臺灣東部，由於板塊運動的擠壓力量和地底的高溫高壓，把海洋板塊地殼碎塊及含有鐵鎂質的岩漿變質成蛇紋岩，也把深海的沉積物變質成黑色片岩；由於蛇紋岩含有鎂元素、黑色片岩含有矽酸鹽，加上周圍地區含有鈣元素，因此形成韌性很高的臺灣玉；如果在其中還有部分石綿結晶的話，就會形成貓眼石。所以臺灣玉的礦脈都出現在蛇紋岩和黑色片岩的中間，就是這個原因。

目前珍藏在卑南史前文化博物館的文物中，有幾件從棺木裡挖掘出土的陪葬品，製作精美，被考古學家視為珍寶；經過礦物

■臺灣玉與石棉共生

成分的分析之後，發現是用臺灣玉雕琢的。

其實，臺灣玉原石的外觀並不出色，沒有經驗的人很難分辨。在一九三〇年代，日本人曾經在豐田村後的荖腦山開採石綿做為工業應用；然而，伴隨在石綿周圍的綠色礦石卻未受到青睞。到了一九六〇年代，專家證實臺灣玉之後，開採臺灣玉的歲月才就此展開；位在花東縱谷區的豐田村，就是曾以臺灣玉加工而富裕的產地之一。後來，臺灣玉的開採成本比進口閃玉來得高，再加上禁採等因素，採礦的工作也就逐漸沒落了。

貓眼石

臺灣古玉器

第三集
阿里山 山脈

阿里山山脈擁有千年的檜木、俊秀的山嶺、深幽的溪谷、險峻的斷崖、以及奇岩巨石等豐富景觀；然而，這些景觀卻與它脆弱的地質有著密切關係。

阿里山的身世

1. 阿里山是年輕小夥子？

　　位在嘉義縣東半部的阿里山山脈，大約在三百萬年前形成。它和六百萬年前誕生的中央山脈相比，只是個年輕小夥子；論起高度，阿里山山脈的最高峰大塔山海拔二六六三公尺，也比玉山主峰矮了一千多公尺。

　　除了年齡、身高不同，阿里山的地質也和臺灣其它主要的幾大山系不一樣。將時間推移到三百萬年前，中央山脈、玉山山脈和雪山山脈當時早已成形，但菲律賓海板塊仍持續擠壓歐亞板

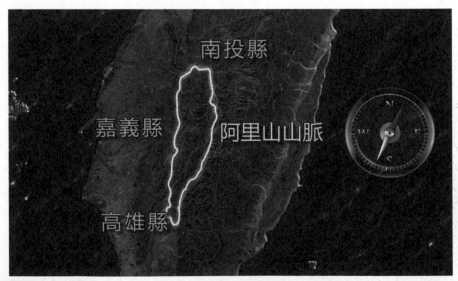

■阿里山山脈位置圖

■臺灣山脈分布圖

塊，將臺灣海峽海底的沉積岩推擠隆起，形成中央山脈西側的西部麓山帶。

阿里山山脈就是西部麓山帶的一部分，地層以沉積岩為主。由於中央山脈露出海面至少已六百萬年，原本露出地表的沉積岩都已侵蝕殆盡，目前露出的是埋藏較深、堅硬度高的變質岩；而較晚成形的雪山山脈及玉山山脈，則是屬於輕度變質岩。

不過，任何一座山都不是永恆不變的。根據數百個衛星測量站的觀測，菲律賓海板塊一直往西北推擠歐亞板塊，使得阿里山

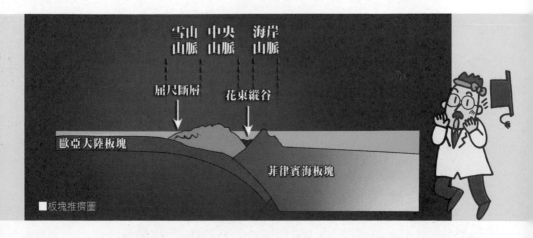

■板塊推擠圖

山脈每年以一到兩公分的速度向西移動，而且山脈還會持續抬高；大約兩百萬年以後，當地表的沉積岩逐漸被各種自然力量侵蝕，就有可能露出下部的變質岩地層。

2. 誰讓阿里山變脆弱？

由於阿里山山脈的地質屬於年輕、脆弱的沉積岩，容易受各種自然的力量侵蝕而改變面貌；但是，這些改變對人類來

■阿里山小火車

■蒸汽火車頭

説，有可能是嚴重的災害。

一九一二年開始通車的森林鐵道和小火車，是阿里山的觀光特色之一；然而，因為地質結構脆弱，森林鐵道經常發生崩塌，造成斷線停駛，這幾乎是年年都會發生的狀況。例如，九二一地震造成眠月線坍方中斷，由於地質結構的因素，修復了十年都還未能通車。

二〇〇八年，接連而至的三個颱風帶來豪雨、引發土石流，也使阿里山樟腦寮地區發生崩塌，森林小火車因此中斷。第二年八月，小火車還未通車，又遇上莫拉克颱風帶來三天三夜的豪雨，森林鐵道的二萬坪段、樟腦寮段及連外道路，又有多處發

■崩塌的樟腦寮段

生大面積的坍塌。

　　莫拉克颱風帶來的雨量有多驚人？根據阿里山氣象站針對二〇〇四到二〇〇八年的雨量統計，這四年的年雨量都在四千到六千多毫米之間；但二〇〇九年的莫拉克颱風，從八月七日到八月九日，僅僅三天的降雨量就累積了二七四七毫米，相當於過去四年平均每半年的降雨量。

　　雖然超級大豪雨是造成阿里山受創嚴重的主因；不過，由於本身地質脆弱，更加重了災情。專家在樟腦寮地區發現一個古老的崩塌地，堆積了大量的土石，推測這裡至少在一萬年前就是容易崩塌的地形；而且下方還被一條河流切斷，使這裡的地質更為鬆動。二〇〇八年十月，樟腦寮就曾經在天候良好、無風無雨，也無地震的情形下發生走山崩塌。

　　阿里山的地形和地質構造，雖然很容易因為豪雨或地震而坍塌；不過，卻也因此造就了變化多端的自然美景；由大塔山、小塔山，還有祝山、小笠原山、四大天王山、萬歲山等二十餘座連綿山峰所構成的整條山脈，令人歎為觀止。

地殼變動的痕跡

1. 觸口斷層有什麼現象，證明地殼快速隆升？

　　阿里山山脈的西側，有一條長約二十八公里的觸口斷層——北段呈南北縱向、南段呈東北－西南走向。它是西部麓山帶的山脈地形和丘陵地形的分界點：斷層東側是阿里山的山脈地形，屬於內部麓山帶；西側則是外部麓山帶的丘陵地形。

　　斷層是容易發生地震的地方，這裡也不例外。在觸口斷層地帶有一處幾十公尺高的河階地，地質學家測量出這裡的河階地質年代約七百年；這表示，在七百年前，現在的河階面還是河床。但是，因為這段河道位在觸口斷層的上盤——也就是阿里山山脈這一邊，觸口斷層持續地活動，使得位於上盤的山脈不斷地隆起，也使得河流快速下切，原來的河床

也就相對抬高，變成河階了。

　　根據專家的估算，觸口斷層上盤的抬升速度大概每年兩到三公分左右，證明整個臺灣島也是以很快的速度在隆起。

什麼是斷層？

　　當岩層受到板塊推擠的力量擠壓時，如果力量過大，就會像一塊彎折的塑膠墊板，在彎曲的地方發生斷裂，這一剎那就是地震。

　　當然，斷裂的地方不會只有一個點，而會是呈一整條穿過地層的破裂面，稱為「斷層面」，在地表上露出的線就稱為「斷層線」；由於斷層不只是一條線狀的分布，而是具有相當的寬度，故稱為「斷層帶」。

　　所以，簡單地說，斷層就是岩層斷裂的地方。已經出現的斷層，就像一個累犯一樣，很有可能再次發生地震。如果斷層面是傾斜的，

斷層未滑動的基本型態

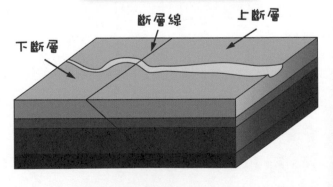

下斷層　　　斷層線　　　上斷層

發生地震時，就容易造成斷層線兩側的地層一個往上抬升（上盤－逆斷層）、一個向下陷（下盤－正斷層）。

阿里山山脈位在觸口斷層的上盤，屬於逆斷層，所以會隨著板塊運動不斷長高。

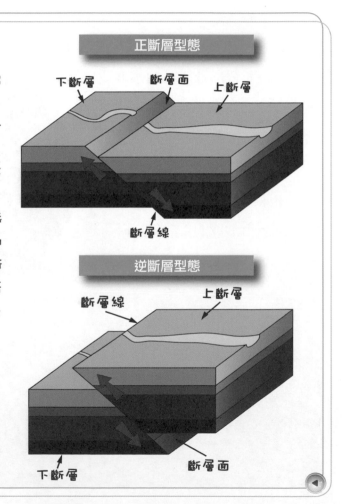

正斷層型態

下斷層　　斷層面　　上斷層

斷層線

逆斷層型態

斷層線　　　　上斷層

下斷層　　斷層面

2. 地殼抬升速度與峽谷形狀有何關連？

阿里山最負盛名的一條溪流，大概要算是達娜伊谷溪了。它是曾文溪的上游支流，長約十八公里，切割出景色美麗的V形谷——達納伊谷。

從山谷的剖面來看，達納伊谷呈上寬下窄的V字形。一般來說，V字形峽谷都是河流切割形成的；如果地殼抬升的速度較快，河流下切的力量也會加速，V形谷的地形特徵就更明顯。至於河床比較寬的U形谷，則是地殼慢慢抬升，河流有機會向兩側侵蝕形成的；此外，流速緩

■呈V字型的達納伊谷

慢的冰河，所切割的峽谷也都是U形谷。

　　許多年前，達納伊谷的山美村鄒族原住民進行封溪禁止釣魚，成功復育了溪流的生態環境，水裡魚成群，吸引不少人前來賞魚。但在二〇〇九年莫拉克颱風來襲，大豪雨造成達納伊谷溪暴漲，山美村嚴重受創，大水也沖毀了村民好不容易復育的生態環境；要等到完全恢復生機，還得經過好長一段時間以後。

　　達納伊谷受災記，不也正是河流「用力」切割地形所造成的嗎？

■莫拉克颱風後景象

3.「鐵達尼大峭壁」有什麼秘密？

看過電影〈鐵達尼號〉嗎？那一幕男女主角站在船頭上、迎風敞開雙臂的經典畫面，令許多人印象深刻。

在阿里山上，有塊自山壁突出的大石，一面平坦，約呈二十六度傾斜；因為附近長了許多颱風草，所以鄒族人稱它為「斯比斯比岩」（「斯比斯比」就是颱風草的意思）；後來，人們發現它很像鐵達尼號的船頭，便戲稱它為「鐵達尼大峭壁」。許多遊客來到阿里山，都要爬上這塊大石眺望風景。

鐵達尼大峭壁不僅造形有趣，它還隱藏了許多

■鸚鵡螺化石

■鐵達尼大峭壁

學問呢！仔細看這塊大石的表面，有波浪狀的紋路，還有貝殼化石，以及海洋生物遺留的痕跡——「生痕化石」，說明了這裡以前曾經是砂泥底質的沉積層海底；各種海洋生物在上面活動，之後沉積層膠結成為岩石，把這些遺跡也都保留了下來。此外，這塊大石上還有一道地震造成的裂縫，兩側竟然有三十公分的高度落差。

　　海洋的遺跡加上地震的裂縫，阿里山從海底隆起的歷史，一目了然！

■三葉蟲化石

什麼是生痕化石？

　　海洋生物在海底爬行、覓食、脫逃、或居住的構造等，會在沉積層表面留下痕跡；如果沒有受到破壞，後來被砂、泥等沉澱物沉積、膠結，被保存在地層內成為化石，就是「生痕化石」；如果是有留下骨骸的化石，則稱為「實體化石」。

　　十九世紀時，生痕化石一直被認為是某種動植物的化石；到了近代，雖然真相大白，但要判斷是哪種生物留下來的生痕化石其實很困難。不過，考古學家還是可以從這些活動的痕跡，推測當時的地質環境及變化過程，這對他們來說是相當重要的研究線索呢！

5.0 cm
■實體化石

■生痕化石

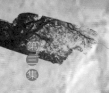

4. 燕子崖、蝙蝠洞和明月窟，也有海底的痕跡？

　　燕子崖、蝙蝠洞和明月窟，都是阿里山著名的風景區。燕子崖和蝙蝠洞位在梅山鄉瑞里村，這裡的岩層屬於「砂頁岩互層」，也就是一層砂岩、一層頁岩，一層砂岩、一層頁岩……如此交疊所構成的；由於砂頁岩的顏色不同，所以整片岩壁看起來就像一塊千層糕。

　　為什麼會有這樣的岩層出現呢？因為頁岩的成分是深海泥，顆粒很細；當它逐漸變成頁岩之後，如果環境發生「變化」，例如颱風、地震或下雨等，有可能將顆粒較粗的砂帶來覆蓋在頁岩上。

■砂頁岩互層

等「變化」停止，深海泥繼
續沉積；如此反覆不斷，終
於成為砂頁岩互層。

　由於頁岩比砂岩軟，容
易受風化侵蝕，因此造成頁
岩的部分凹進去、砂岩凸出
來；在燕子崖和蝙蝠洞，就
可以很明顯看到這種現象。
燕子崖的岩壁寬度約四十公
尺，上半部是「凹凸有致」
的平行線條，下半部則是高

■燕子崖岩壁

■蝙蝠洞

約兩公尺的凹壁，稱為蝙蝠洞。凹壁上有大大小小的坑洞，有些因為經過風化侵蝕、原本兩個相鄰的坑洞變成一個大洞。

另外，在奮起湖山西南方的八掌溪畔，也有一片壯觀的大凹壁，稱為明月窟。凹壁的下方有一條步道，許多人以為是人為開鑿的；其實，這也是砂岩、頁岩互相層疊的岩石，受自然風化侵蝕的結果。

■明月窟

美景自然天成

1. 為什麼阿里山的雲海和日出最有名？

　　來到阿里山，一定不能錯過欣賞名列臺灣八景之一的雲海和日出。也許有人會覺得奇怪：在臺灣，比阿里山還高的山比比皆是，為什麼就只有它的雲海和日出最有名呢？

■春季日出

■阿里山雲海

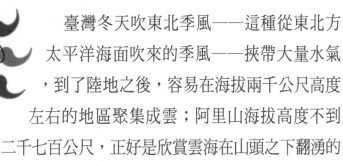

臺灣冬天吹東北季風——這種從東北方太平洋海面吹來的季風——挾帶大量水氣，到了陸地之後，容易在海拔兩千公尺高度左右的地區聚集成雲；阿里山海拔高度不到二千七百公尺，正好是欣賞雲海在山頭之下翻湧的最佳環境。如果在清晨日出時，一輪紅日從山後漸漸升起，雲海也由濃暗轉為金紅，景色更美；有時雲海還會從山頭之上傾瀉而下，形成「雲瀑」的景致。

2. 阿里山是世界乾旱帶上的綠洲？

打開一張世界地圖來看，臺灣島位在北回歸線上，而阿里山正是北回歸線穿過的區域。

北回歸線是太陽直射地球的最北限，環繞北半球一周，所經過的十六個國家和

■阿里山楓紅

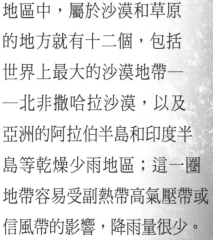

地區中，屬於沙漠和草原
的地方就有十二個，包括
世界上最大的沙漠地帶——
北非撒哈拉沙漠，以及
亞洲的阿拉伯半島和印度半
島等乾燥少雨地區；這一圈
地帶容易受副熱帶高氣壓帶或
信風帶的影響，降雨量很少。

　　臺灣卻是這條乾旱帶上最
綠意盎然的地方之一；因為臺灣
在冬季和夏季都有從海上來的季
風挾帶豐沛雨量，滋潤大地萬
物。坐落在北回歸線上的阿里
山，因此森林茂密；從低海
拔的熱帶闊葉林，到中高
海拔的溫帶針闊葉林，
呈現明顯的分層現象，
構成了豐富多樣的森林
世界。

■水山神木

■宜蘭太平山森林

3. 檜木森林一定都要好幾千年才能形成嗎?

神木也是阿里山最具代表性的景觀。一棵棵數千年樹齡的高大檜木拔地而起,以巨人之姿俯瞰腳下的芸芸眾生;人類仰之彌高,不由得從心裡產生敬意。

全世界的檜木屬植物目前已知的有七種,僅分布在北美、日本和臺灣。其中分布在臺灣的兩種是紅檜和扁柏,它們都是臺灣的特有種,只生長於臺灣,而且僅

■阿里山檜木林/鐵道

74 分布在海拔一千八百到二千五百公尺的「霧林帶」。從霧林帶這個名稱就可知道，這裡每到午後經常雲霧繚繞，空氣中的濕度很高。原來，季風過境臺灣時，被海拔三千公尺以上的中央山脈阻擋，使得從海洋挾帶而來的豐沛水氣滯留在中海拔山區呢！

臺灣的檜木森林分布在阿里山、北部的棲蘭山和太平山、南部的大武山。由於檜木的木材極佳，是雕刻及建築的好材料，因此日治時期曾經被大量砍伐，阿里山的檜木森林也開闢為伐木場；如今著名的登山小火車，就是當年為了運送檜木所建的。

檜木的生長速度非常緩慢，平均每生長一公尺，大約要三百五十年以上的時間，

■太平山檜木群

檜木是遠古的孑遺植物

從遠古時期就存在至今的生物，稱為「孑遺生物」，也稱為「活化石」。由於檜木屬的植物最早出現在五點七到二點三億年之間的古生代，比恐龍的年代還要早；因此，存留至今的檜木屬植物——包括紅檜和扁柏——都是孑遺植物。阿里山上還有一個樹根和石頭緊緊糾結在一起的「樹石盟」；這棵樹是臺灣雲葉（或稱昆欄樹），它也是遠古的孑遺植物。這些數億年前就已出現的孑遺植物，如何來到比它們年輕許多的臺灣島呢？

在臺灣島持續的造山運動中，曾經遇上許多次「冰河期」——這是指全球氣溫普遍降低、大部分陸地都布滿冰雪的時期；以最近的六十萬年來說，就發生了五次冰河期。

當冰河期來臨，由於地球上的水有大部分結成冰雪，所以造成海平面下降，平均深度在一百公尺以內的臺灣海峽甚至見了底，成為臺灣與大陸之間的一座「陸橋」。許多北方的動物為了避寒，紛紛往南遷移到較溫暖的臺灣，牠們的身上或許也挾帶了一些植物的種子；還有不少生物從大陸越過臺灣海峽陸橋，到臺灣來生活、繁衍。

距今最後一次冰河期大約在一萬多年前結束，全球溫度回暖，海平面也上升。臺灣海峽恢復了水位，臺灣島又成為一座四面環海的島嶼；許多生物回不了故鄉，於是留在臺灣。由於島上的生物無法與其他地方的生物往來繁衍，經過一段很長的時間，逐漸在身體特徵及生活形態上產生不一樣的改變，演化成不同於祖先的種類，成為臺灣才有的特有種，例如紅檜和扁柏。有專家認為，它們的種子最早可能來自於日本的檜木，在臺灣落地生根之後，逐漸演化成特有種。

要成為一片森林則需好幾千年；所以，一旦被砍伐，要再長成森林非常不容易。

不過，阿里山容易崩塌的環境，對於檜木林的形成卻是大有幫助。因為，檜木種子需要光線才能發芽成長；但在闊葉森林裡，張開的樹冠就像一把把綠色大傘，遮住了陽光，使森林底下較為陰暗。如果某天發生崩坍，造成闊葉林倒塌——也就是專家所說的「森林破空」，使森林間出現了空地，陽光就能照射進來，檜木種子才有發芽的機會；然後度過漫長的幾千年歲月，形成壯觀的森林。

■臺灣雲葉－樹石盟

第四集
火山 的故事

熾熱的岩漿、驚人的自然力量，一股來自地底的巨大熱能，串聯成太平洋上一條超過數千公里長的火環；地處歐亞板塊邊緣的的臺灣，正屬於「火環」的一部分。

臺灣也有活火山

1. 臺灣的火山在哪兒?

在臺灣雖然看不到火山噴發的景象,但並不代表臺灣沒有火山;臺灣不但有火山,而且就位在地球上火山分布最多的地方——環太平洋火山帶的邊緣。

環太平洋火山帶

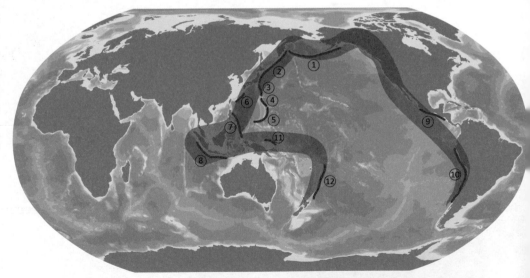

① 阿留申海溝	④ 小笠原海溝	⑦ 菲律賓海溝	⑩ 秘魯-智利海溝
② 千島海溝	⑤ 馬里亞納海溝	⑧ 爪哇海溝	⑪ 布幹維爾海溝
③ 日本海溝	⑥ 琉球海溝	⑨ 中美海溝	⑫ 湯加-克馬德克海溝

　　這條有「火環」之稱的火山帶，從南美洲的西側，沿著中美洲、北美洲西側，再到亞洲的東側及大洋洲島嶼，基本上環繞太平洋和大陸的邊緣，全長約四萬公里，呈馬蹄形；它其實就是沿著好幾大板塊的交界處分布。根據科學家的估計，地球上百分之九十的地震，都是發生在這條火山帶上。（環太平洋火山帶）

　　臺灣就位在這條火山帶的邊緣，經常發生地震，更有許多火山造就的地形；例如暫時停止噴發的大屯火山群，以及澎湖、綠島、蘭嶼、龜山島等島嶼，都是火山熔岩形成的。

2. 大屯火山群已經不會再爆發了嗎？

　　陽明山國家公園是臺灣北部最著名的觀光勝地，尤其到了春天，繽紛的花季來臨時，更是吸引許多民眾上山賞花，甚至必須出動交通警察管制上山的車潮，才不會造成大塞車。

　　但是，這麼一處熱門的觀光勝地，其實是位在臺灣最大的火山群——大屯火山群之間，一共有二十座火山。根據地質學家的研究，大約二百五十萬年前，臺灣北部當時正持續不斷地發生板塊擠壓運動，但規模不是很大，岩漿在地下深處活動，並沒有噴出地表。

■陽明山花鐘

到了大約八十萬年前，臺灣北部的板塊擠壓運動逐漸減緩或停止，轉變成拉張的作用；這一拉，使地層產生了許多垂直的裂縫，於是地底岩漿便從裂縫向上噴出地表，直到距今大約十到二十萬年前才結束。不過，這幾年也有專家認為，大屯火山群最近的一次噴發活動可能在兩萬年前，甚至可能是五千五百年前。

　　雖然大屯火山群現在呈暫時停歇的狀態，但地底的岩漿其實仍然很活躍；例如終年冒著硫磺熱氣的大油坑、小油坑，還有地熱谷、馬槽的溫泉等，都是地下岩漿仍在活動的「證據」。

觀察火山地形

這場可能歷經了將近八十萬年的岩漿噴發活動，我們雖然沒有辦法親眼目睹，卻可以在大屯火山群觀察到火山運動留下的「證據」，例如尖聳的錐狀火山——七星山、渾圓的鐘狀火山——紗帽山和面天山、熔岩流形成的堰塞湖——竹子湖、火山活動末期的鼻息——小油坑和硫磺谷噴氣孔等。從這些熱煙裊裊、霧氣蒸騰的景觀當中，只要多用點想像力，就可以感覺地底下脈動著令人驚奇不已的火山故事，並且大略勾勒出當時熔岩奔流、驚心動魄的情景。

●錐狀火山

■七星山

岩漿從地表噴發出來，會在火山口逐漸冷卻堆積，形成類似日本富士山那種中央尖聳的圓錐狀火山。大屯火山群中的七星山，就是由七座錐狀形火山組成。

■小油坑

●噴氣口

陽明山國家公園裡有一個位在綠色山脈上的黑色大坑洞，不斷地冒著有點臭臭的白煙；這裡被稱為「小油坑」，冒出地表的白煙表示大屯火山群的地下岩漿依然灼熱。在焦黑的坑洞中，還參雜著亮眼的鵝黃色，則是因為地層中含有硫磺；當硫磺氣體噴出後遇到冷空氣，便會在洞口形成結晶。秋天時，小油坑山頭的五節芒因為受到硫氣噴發的影響，全都成了紅色；「丹山草欲燃」便是小油坑的最佳寫照。

●堰塞湖

　　大量岩漿從地表噴出後，有時會將附近的山谷堵塞，然後積水而成湖泊，稱為「堰塞湖」。陽明山竹子湖以前曾經是七星山噴發後所形成的堰塞湖，但竹子湖的湖在哪裡呢？為什麼看不到湖水？這是因為後來湖水流盡，才成為今天的模樣。

　　位在七星山、七股山之間的冷水坑，過去也是一個堰塞湖；後來湖水外流，露出湖底窪地，才成為現在的景觀；窪地北側有一個碗狀的火山爆裂口，是以前火山噴發的碎屑堆積而成。冷水坑另一個特別的景點是「牛奶湖」：冷水坑是全台唯一的硫磺礦床，經常有硫磺瓦斯噴出；游離的硫磺微粒慢慢沉澱，就成了湖水白濁的「牛奶湖」了。

■牛奶湖

●鐘狀火山

　　如果噴出地表的岩漿較黏而不易流動，就會形成渾圓的小丘；由於形狀很像一口掛在寺廟裡的鐘，因此稱為鐘狀火山。大屯火山群中的紗帽山，就是一個鐘狀火山，遠遠看去也很像一頂中國古代官員的烏紗帽。

■紗帽山

●火口湖

　　火山活動後，頂部的火山口容易盛積雨水，形成火口湖；位在向天山的向天池就是一個火口湖遺跡。每當大雨過後，這裡就會積水成池，大約可以維持三、四天幽緲的火口湖風貌；等水乾了，便又恢復原來綠草鋪地的景觀。此外，位在七星山上的夢幻湖也是一座火口湖。

3. 大屯火山群爆發怎麼辦？

大屯火山群有沒有可能再甦醒？萬一爆發了，緊鄰的台北地區不是遭殃了嗎？

為了調查大屯火山群有沒有爆發的危險，專家利用儀器監測從大油坑及小油坑噴氣口所噴出來的氣體，發現其中高達百分之六十的氣體來自地函，在大油坑甚至高達百分之九十，因此推測大屯火山群底下有一個岩漿庫。根據一九九四年國際火山學會對於「活火山」的現象定義，有岩漿庫存在、且最後一次噴發在一萬年以內的就是活火山；因此，大屯火山群有

■大屯山

可能是活火山，而不是休眠火山。

幸運的是，專家認為大屯火山群地下岩漿的活動還算穩定，短時間內應該沒有爆發的危險；而且，氣象局有精密的儀器隨時監控，有危險時可以立刻發出警報，讓北部居民有足夠的時間準備，所以大家不用太緊張。

4. 目前世界唯一的淺海煙囪在臺灣何處？

搭火車經過宜蘭海邊，如果天氣晴朗，可以看見海上有一隻半浮於水面的大海龜，它就是宜蘭著名的景點——龜山島。

龜山島由一大一小兩座火山體組成，大的是龜甲，小的是龜首；在龜首附近的海域甚至像煮沸的開水，終年可見乳白的熱泉和氣泡從海底湧出，在海面上形成一大片白紗狀。原來，在龜山

■龜山島（攝影／阿爾特斯）

島周圍六十海里內竟然有七十座火山，其中十幾座屬於活躍型的火山；龜山島附近海面上的熱泉和氣泡，就是從海底火山產生。

其實，龜山島也和這些活躍型的海底火山一樣，是一座活火山，在過去大約七千年之間，就有四次噴發紀錄；不過，和其他海底火山不同的是，它浮出於海平面，成為一座島嶼。

為什麼這裡有這麼多海底火山？想像一下：把海水抽乾，可以看見這裡的海底是一個凹下去的盆狀地形，稱為「沖繩海槽」；它是在菲律賓海板塊持續地隱沒於歐亞板塊下方時，連帶使地殼受到牽引而下陷形成的。由於位在板塊的交界處，岩漿活動頻繁，所以大大小小火山林立；專家還估算出，沖繩海槽每年以一點二公分的擴張速度向西南方發展，逐漸接近臺灣島。

專家還在龜山島以東五十海里、大約一千多公尺深的一座海

底火山口，發現許多大約一到十公尺高的「煙囪」；這是因為熱泉中含有硫磺及許多礦物，在火山口附近逐漸堆積形成的煙囪狀岩塊，是目前世界上唯一發現的淺海煙囪呢！

在這些煙囪的出口處，海水溫度高達攝氏一百七十度，屬於酸性，對於大部分生物來說，是非常難以生存的環境。不過，專家卻在這裡發現一種叫做硫磺怪方蟹的螃蟹，牠們專吃從上方溫度較低的海水中漂下來的生物碎屑為生；在如此險惡的環境中，牠們沒有天敵。

■龜山島海底溫泉，圖下方即是硫磺怪方蟹

活的「泥火山」

臺灣沒有立即爆發危險的活火山，但活的「泥火山」倒是不少！

從泥火山這個名稱可知，它湧出的不是岩漿，而是泥漿；形成原因是地下的石油氣或高壓氣體從裂隙噴出時，將地下水及泥岩也一起帶出地表。岩漿湧出之後，會在噴口四周堆積，形成類似火山的錐狀地形。

臺灣一共有十八個泥火山自然保留區，包括台南左鎮的草山月世界、屏東萬丹的泥火山，以及高雄燕巢的烏山頂泥火山；其中，烏山頂泥火山的噴泥錐高達三到五公尺，是全台規模最大、保存最完整的泥火山。

■高雄燕巢泥火山

死火山的地質美景

1. 澎湖群島如何形成？

臺灣有活火山，也有死火山，例如位在臺灣海峽的澎湖群島，就是一處死火山。

澎湖群島的形成年代比臺灣島還要早得多。大約在一千六百萬到八百萬年前，由於板塊的拉扯作用，使海底出現了好幾條裂縫，灼熱的岩漿從地層下方湧出，在海底浸流成一大片，一遇到冰冷的海水立刻冷卻收縮，在表面形成龜裂，並且往下裂開，成為許多柱狀的玄武岩；它就像收割後的稻田，當田裡的水分蒸乾，地面上就會產生龜裂。這些地形原本深藏在海底，後來受到板塊的擠壓作用抬升出來，形成澎湖群島。

近八百萬年以來，澎湖不曾再遭受到任何地殼運動的巨大影響，因而成為死火山，同時

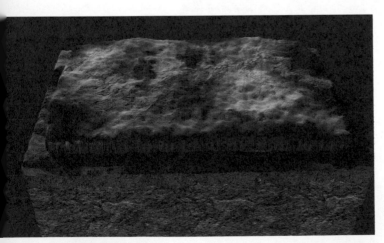

■柱狀玄武岩

■火山口熔岩池

也保存了完整的柱狀玄武岩地形。在澎湖本島的大石鼻海岸，可以看見一個呈同心圓狀的構造，就是過去的火山口熔岩池。想像一下：我們把一個小石頭丟到池塘裡，池水會產生一圈圈向外擴散的同心圓狀波動；同樣的情形，當岩漿還是液態時，從底下產生一個波動，便會造成同心圓向外擴散的結構。

此外，澎湖群島的許多島嶼中，包括桶盤嶼、鳥嶼等，都是柱狀玄武岩地形非常明顯的地方。搭船靠近這些小島，就可以

■澎湖「方山」

看見許多「柱子」緊密地排列在一起，島嶼的上方則是平坦的地形；這種地形稱為「方山」，從高處鳥瞰就像一片寬闊的廣場。

2. 海岸山脈、綠島、蘭嶼已成為死火山？

臺灣東部海域的綠島、蘭嶼和小蘭嶼，雖然是獨立於海中的島嶼，但其實和海岸山脈同屬一個火山家族──「呂宋島弧」。

島弧就是一連串呈弧形排列的島嶼，出現在一個板塊隱沒到另一個板塊之下的地方，與板塊交界處平行。臺灣附近海域有兩大島弧家族；除了東南方海域的呂宋島弧，還有東北方海域的「琉球島弧」。呂宋島弧從菲律賓呂宋島一直向北延伸，包括巴丹、蘭嶼、綠島等一連串火山島，銜接臺灣東部的海岸山脈；所以，在地質上來說，它們都是同屬一個家族。琉球島弧則從日本向西南延伸，包括琉球群島等小火山島，最末端是龜山島。

這兩大島弧的最大不同處是，琉球島弧的火山大都是活火山，例

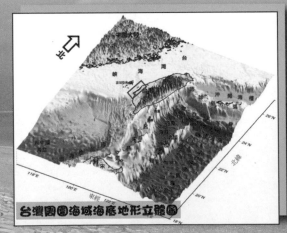

台灣周圍海域海底地形立體圖

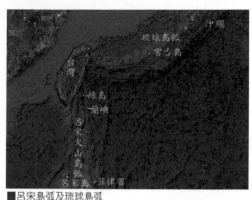

■呂宋島弧及琉球島弧

如龜山島；呂宋島弧北端的火山則是死火山。它們如何靠近並與臺灣島合而為一的故事，可以從大約兩千萬到一千萬年前開始說起——

當時因為板塊發生碰撞，在兩、三千公尺深的海底形成一連串火山，並且以每年大約八公分的速度朝西北方移動。大約六百萬年前，菲律賓海板塊撞上了歐亞板塊，一個小島就從海底飛沖而上，就是我們現在住的臺灣島。

這些不斷移動的海底火山，也受到地殼的抬升作用漸漸隆起。直到大約五十萬年前，最前端的海岸山脈火山撞上臺灣島，正式成為臺灣島的一部分；跟在海岸山脈後面的綠島、蘭嶼火山，也逐漸靠近臺灣島。

■花東海岸山脈（攝影／Gary）

海岸山脈、綠島、蘭嶼現在都已成為死火山，不用擔心它們會再度噴發；但是，火山殘留的痕跡仍然歷歷在目，向後人訴說著過去的驚心動魄。

3. 花東縱谷內枕狀熔岩的秘密？

花東縱谷是海岸山脈和中央山脈之間的縫合線。在縱谷內鄰近花蓮縣玉里鄉的樂合溪流域中，有一處長達數十公尺、呈許多球狀組合的「枕狀熔岩」，它就像許多聚合在一起的肥皂泡泡，但不是軟的，而是堅硬的岩石。

■枕狀熔岩的形成

一顆顆的枕狀熔岩，訴說著來自深海的身世。大約在兩千九百萬年前，海底火山多次噴發，每一次噴發都會堆疊岩漿。由於受到水和水壓的抑制，沒有辦法產生大規模的爆破，所以形成氣孔很少或沒有氣孔的枕狀熔岩；如果發生大規模的爆破，則會產生厚層的火山角礫岩。直到五百多萬年前，枕狀熔岩露出水面，成為今天我們所看見的樣子。

4. 海岸山脈的海岸線有火山活動的遺跡？

雖然現在已經看不到臺灣島東南側的火山活動，但如今看似平靜的海岸線，其實也留下了許多火山活動的證據。

花蓮豐濱鄉的石梯坪海岸，是一處擁有許多奇石的風景區。

■石梯坪

清朝總兵吳光亮當年來到這裡，看到灰白的岩盤參差排列，有如從海邊向陸地一階一階升高的海階，因此命名為「石梯坪」。

如果仔細觀察，還可以看見以前海岸山脈火山噴發的紀錄。

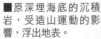

■沉積岩形成中，沉積物沿水平方向向上堆積。

■原深埋海底的沉積岩，受造山運動的影響，浮出地表。

　　通常，陸地上的火山在噴發時，會噴出液態的岩漿和固態的岩塊。岩漿從火山口噴出到落地前，由於重力作用，形成頭大尾小的橢圓形狀，逐漸冷凝成表面平滑的塊體，叫做「火山彈」。至於堅硬的岩塊被噴發到空中後，再重重地落下撞擊地面，便會在地上撞出一個扭曲的構造。

　　石梯坪還有海蝕平臺、海蝕溝、壺穴群等火山遺跡。

■海蝕平台：有許多因為造山運動關係
將海底沉積岩抬升至地表所形成。

5. 綠島有東部最完整的火山地形？

除了石梯坪有過去火山爆發的遺跡，猶如一顆
海上明珠的綠島，也保留了完整的火山地形，可以讓
人想像岩漿過去迸發時的驚險場面。

綠島原名火燒島，整座島嶼幾乎都由火山熔岩、
從海中隆起的珊瑚礁、以及河流與海岸的堆積物等所組
成。島上著名的風景區「海參屏」海岸，過去曾是一個火山口；
經過海浪的侵蝕，火山口壁變得殘缺不全，仍矗立的部分則成為
今天的「哈巴狗」、「睡美人」等奇石景觀。在火山口的中心，
沿著裂隙上升的岩漿凝固成了「火山頸」；周圍的火山碎屑物，
經過風化之後也露出地表，成為火山曾經存在的最有力證據。

■綠島火山頸

第五集

穿透海平面

海平面，是一道界線，也是一面鏡子；穿透它，就能深入理解島嶼山川的來時路；穿透它，見證到潮流和地形交互作用，產生了豐富的樣貌和生態，教人們大開眼界。

豐富的海底地形

1. 臺灣四周的海底地形為何特別複雜？

　　如果將臺灣島四周的海水抽乾，便會發現，所顯露出來的地形比起隆起的臺灣島複雜太多了。大致說來，西邊臨臺灣海峽的海底比較淺，平均深度不超過一百公尺；東邊臨太平洋的海底很深，最深的地方將近四千公尺，就和臺灣島上最高的玉山主峰高度差不多。

　　在臺灣島四周的海底，有盆地、海脊、海溝和海槽、以及排列成串的火山島弧等各種不同地形。

■臺灣近海海底地形

這麼複雜的原因，是因為臺灣位在兩大板塊的交界處，東側的菲律賓海板塊隱沒到歐亞板塊下方；巨大且持續的撞擊力量，在兩大板塊的邊緣處產生許多地形，尤其是菲律賓海板塊上的地形特別複雜。今天的臺灣島，正是眾多地形露出海面的一小部分呢！

海底有哪些地形？

地表上超過百分之七十的面積都被海洋覆蓋；所以，從太空遠望地球，是一顆藍色的星球。

浩瀚無垠的海洋，從表面看一望無際，好像海連天、天連海，沒有高高低低的地形。其實，海底也和陸地一樣，有平坦的平原，也有高山和深谷。

海底地形大致上可以畫分為三大地形區：大陸邊緣區、海底盆地和中洋脊。

大陸邊緣區

大陸邊緣區是海底地形中最靠近陸地的海床——介於陸地和海底盆地之間，可分成三個部分：

大陸棚：從海岸線到深度大約兩百公尺的海床。因為最接近陸地，所以從陸地河流挾帶的沉積物會堆積在這裡。

大陸斜坡：從水深兩百公尺的大陸棚下降到大約兩千五百公尺，這一段的坡度最陡。

大陸隆地：大陸斜坡接近海底的區域因坡度轉為平緩，形成一條寬闊裙邊，大多為海底濁流所鋪設；當沉積物從大陸斜坡緩緩落下後，就會堆積在這個底部區。

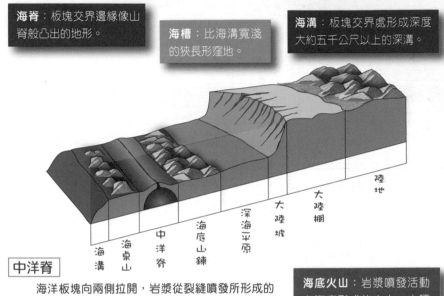

海底盆地

海底平原：海底盆地中最平坦的地方，周圍有海底山丘或其他較高的地形環抱。

海脊：板塊交界邊緣像山脊般凸出的地形。

海槽：比海溝寬淺的狹長形窪地。

海溝：板塊交界處形成深度大約五千公尺以上的深溝。

（圖中標示，由左至右）海溝、海桌山、中洋脊、海底山鏈、深海平原、大陸坡、大陸棚、陸地

中洋脊

海洋板塊向兩側拉開，岩漿從裂縫噴發所形成的海底大山脊；最早發現的是在大西洋的正中央，所以稱為中洋脊。

中洋脊都位在海洋的中央，寬度可達一千公里；世界三大洋——太平洋、大西洋、印度洋——的中洋脊總長七萬多公里，幾乎占去三分之一的海洋面積。中洋脊的頂端有斷裂谷，兩旁有斷裂的山嶺，是海底地形最崎嶇的地方。

海底火山：岩漿噴發活動在海底形成的火山；山頂平坦的稱為「海桌山」。

2. 如何探測海底地形？

海洋太浩瀚了，我們當然不可能把這麼多的海水抽乾後進行觀察；那麼，專家如何知道在看不見的海底有哪些地形呢？

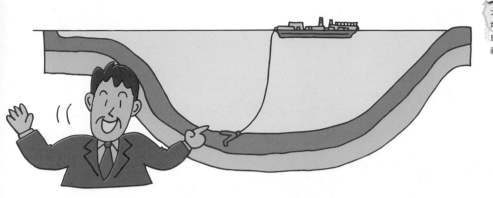

　　大約在十九世紀中葉，有航海家在繩纜上懸吊鉛錘，將它沉入海底，再由深入海底的繩長來測量深度。自從發明聲納以後，研究人員開始從船上向海底單點發射聲波；由於聲波遇到障礙物會反射回來，從收回來的聲波訊息，可以計算出海底的深度，就像是蝙蝠和海豚利用聲納探測周圍環境的方法。但是，因為是單點投射，研究船必須在海面上不停地來回探測，需要花費相當多的時間。

　　後來發明了多頻道水深探測儀，研究人員從船上以面的方式探測海底地形；雖然比單點投射法有效率多了，不過，要探測地球上的所有海洋地形，大約需要一百二十五年。

　　隨著科技的發展，人類又發明了人造衛星，成為探測海洋地形的最佳利器。人造衛星可以拍攝大面積的海洋，並從

穿透海平面

影像上的不同顏色，分辨出海水的溫度和深度，勾勒出大概的海底地形面貌。

3. 大海也像河流？

汪洋大海其實也像河流一樣，在海面下大約一公里深的海水，會朝固定的方向流動，並維持著大約的寬度範圍，稱為「洋流」。

臺灣附近的洋流，有從南部溫暖海域北上的「黑潮」，以及從北方較冷海域沿著臺灣海峽南下的「中國沿岸流」。陸地上的河流具有搬運作用，洋流經過之處，也會挾帶海底的粗砂、礫石及生物碎屑等，再堆積到其

臺灣洋流圖

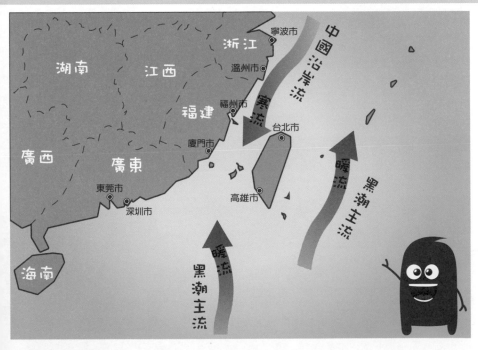

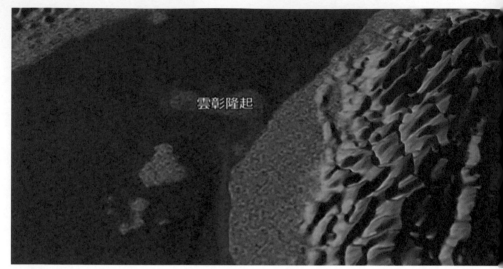

■雲彰隆起

他地方,「創造」出各種不同的地形。臺灣西部的雲林及彰化外海,海底深處有一個隆起的地形,稱為「雲彰隆起」,就是黑潮支流挾帶海底沉積物堆積形成的。

海底地形東西不同

1. 先民為何認為臺灣海峽是危險的「黑水溝」?

早年交通不發達,大陸沿海先民要來臺灣開墾,唯一的方法就是搭船橫

渡臺灣海峽。先民當時稱臺灣海峽為「黑水溝」，還有「六死三留一回頭」的說法；意思是說：十人當中，有六人會死在臺灣海峽、三人留在臺灣、一人掉頭回大陸，表示渡過臺灣海峽是一件非常危險的事；先民經常發生船難，超過一半以上的人都會被這條「黑水溝」吞噬。

臺灣海峽的深度平均不超過一百公尺，並不算很深；位在澎湖群島西南方海底的「臺灣灘」，深度只有大約四十公尺，有時甚至還會露出海面。但是，為什麼臺灣海峽這麼危險？原因就隱藏在海底。

在澎湖群島和臺灣島之間的海底，有一條南北向的狹長谷地，稱為「澎湖水道」。由於黑潮支流和南海的海水會從這條水道往北流，受到地形影響，海水被擠進狹窄的谷地，使流速加快；到了夏天，西南季風由南往北吹，也起了推波助

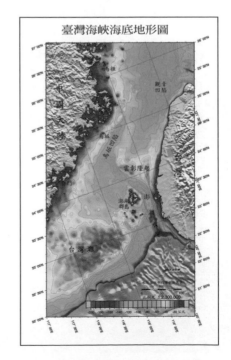

臺灣海峽海底地形圖

瀾的效果，使澎湖水道的海域更是波濤洶湧。

其實，澎湖水道正是黑潮支流侵蝕出來的地形；黑潮支流從這裡搬運大量沉積物，堆積在水道的北方出口，形成雲彰隆起。這裡的地形到現在還是沒有太大變化；還好，人類的交通已經發展到航空，我們可以搭飛機渡過臺灣海峽，不必再冒險橫越黑水溝了。

2. 島弧為什麼排成弧形？

臺灣東部的太平洋海域不但很深，海底地形也更為複雜。東部的海底屬於菲律賓海板塊，千百萬年來，不斷地向歐亞板塊邊

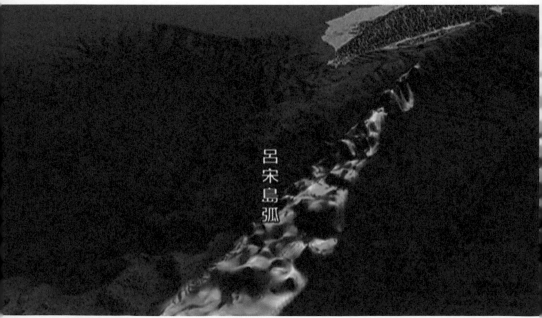

■呂宋島弧

緣下方隱沒，拉扯、推擠出各種地形。最特別的是，在臺灣島的東北和東南海域，各有一條排列成弧形的火山島弧——東北的是琉球島弧，東南是呂宋島弧，分別顯示了菲律賓海板塊的邊緣輪廓。

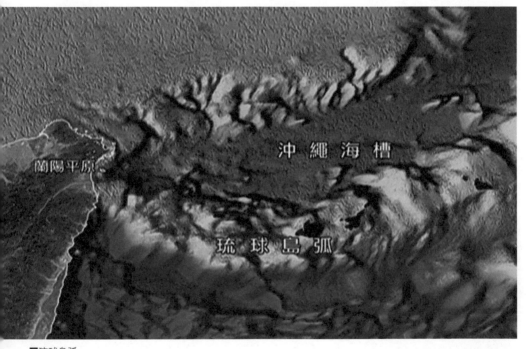

■琉球島弧

板塊隱沒邊緣呈弧線的原因，可以用一個乒乓球來做簡單的實驗；只要用手指在乒乓球表面輕輕下壓，凹下部分的邊緣就是弧形。手指下壓的力量，可以想像成是歐亞板塊對菲律賓海板塊所造成的壓力；而來自地層深處的岩漿從板塊互相碰撞的弧形邊緣衝出地表，就形成了一連串的火山島弧。

海平面下的波動

1. 南海有一種神秘的「內波」？

有看過一種玩具嗎？在一個密閉的透明罐子裡，裝了上下兩

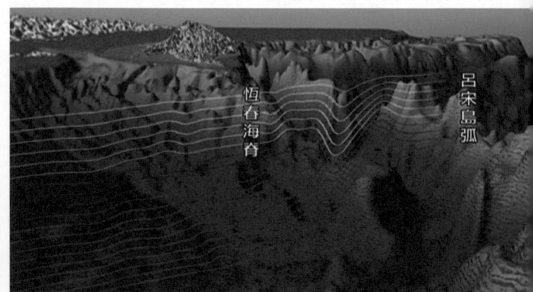

■南海內波示意圖

■美麗的綠島海底生物

層不同顏色的液體，兩層液體交界的面上，還漂浮著一艘小船；不管你怎麼搖動罐子，都不會改變兩層液體的分層現象，小船也不會翻覆。這是因為，密度較小的液體會浮在上層，密度大的則在下層，在這兩層液體之間形成的波浪，稱為「內波」。

在汪洋大海中，由於上層海水接受陽光照射，水溫比深海高、密度小；下層的水溫低、密度大，因此也會出現內波現象。臺灣西南的南海海域，就存在著一種很強的「南海內波」；在看似平靜的海面下，南海內波因為受到海底地形及洋流的影響，波

浪的起伏非常巨大，波的高度可達一百五十公尺，形成「內潮」。

由於這巨大的內潮存在，可以讓沉在下層的生物碎屑翻攪上來，吸引許多海洋生物前來覓食，讓以海維生的漁民們大豐收。此外，還可以將較低溫的海水帶到墾丁南灣的珊瑚礁海域；如果沒有內潮「送」來涼爽的水，這裡的珊瑚將會受到地球暖化，水溫升高的影響而出現白化現象。對珊瑚來說，南海內波就像是及時雨呀！

珊瑚白化

　　大部分的珊瑚都是透明的，繽紛的色彩其實來自身上的共生藻。這些共生藻對環境十分挑剔，如果水溫發生變化，或水質受到汙染、海水的鹽度變淡，都會使它們死亡；一旦珊瑚身上的共生藻死亡，珊瑚也會失去顏色，露出白色的骨骼，出現「白化」現象，然後漸漸走向死亡。如果在白化的珊瑚還沒有死亡以前，

可以將環境很快地恢復，就能夠再次讓共生藻生長，出現美麗的顏色了。

國家圖書館出版品預行編目資料

發現臺灣大地奧祕／ 吳立萍作. -- 初版. --
臺北市：慈濟傳播人文志業基金會，2011.02
112面 ；15×21公分.

ISBN 978-986-6644-53-5（平裝）

1. 地形 2. 通俗作品 3. 臺灣

351.133 100002817

大千世界系列6

發現臺灣大地奧祕

創 辦 者	釋證嚴
發 行 者	王端正
作 者	吳立萍
出 版 者	慈濟傳播人文志業基金會
	11259台北市北投區立德路2號
客服專線	02-28989898
傳真專線	02-28989993
郵政劃撥	19924552 經典雜誌
責任編輯	賴志銘、高琦懿
美術設計	尚璟設計整合行銷有限公司
印 製 者	禹利電子分色有限公司
經 銷 商	聯合發行股份有限公司
	台北縣新店市寶橋路235巷6弄6號2樓
電 話	02-29178022
傳 真	02-29156275
出 版 日	2011年3月初版1刷
建議售價	200元